Ruby Jindal

Cultivar a Abundância: Explorando as raízes da agricultura

Ruby Jindal

Cultivar a Abundância: Explorando as raízes da agricultura

ScienciaScripts

Cover image: www.ingimage.com

This book is a translation from the original published under ISBN 978-620-7-65047-7.

Publisher:
Sciencia Scripts
is a trademark of
Dodo Books Indian Ocean Ltd. and OmniScriptum S.R.L publishing group

120 High Road, East Finchley, London, N2 9ED, United Kingdom
Str. Armeneasca 28/1, office 1, Chisinau MD-2012, Republic of Moldova, Europe
Printed at: see last page
ISBN: 978-620-7-68777-0

ÍNDICE

Prefácio

Na vasta extensão da história humana, poucos empreendimentos moldaram as nossas sociedades e o nosso planeta de forma tão profunda como a agricultura. Desde os primórdios do cultivo de cereais silvestres até às explorações agrícolas de alta tecnologia do século XXI, a história da agricultura é uma história de inovação, resiliência e da procura permanente de alimentar um mundo em crescimento.

"Cultivar a Abundância" convida-o para uma viagem pelos campos da agricultura, explorando o seu passado, presente e futuro. Nestas páginas, vamos desvendar as raízes antigas da agricultura, descobrir os meandros das práticas agrícolas modernas e enfrentar os desafios prementes que se avizinham.

Ao aprofundar temas que vão desde as técnicas agrícolas sustentáveis até à crise global de segurança alimentar, espero que este livro não só informe e inspire, mas também promova uma apreciação mais profunda do papel vital que a agricultura desempenha nas nossas vidas. Quer seja um agricultor experiente, um entusiasta curioso ou simplesmente alguém que aprecia os frutos da colheita, convido-o a juntar-se a mim na exploração do abundante mundo da agricultura.

Dr. Ruby Jindal

(Universidade K.R. Mangalam, Gurugram)

Capítulo 1: Semeando as sementes da civilização

O início da agricultura marca um momento crucial na história da humanidade, uma mudança de estilos de vida nómadas de caçadores-recolectores para comunidades agrícolas fixas. Esta transição, frequentemente designada por Revolução Neolítica, lançou as bases para o aparecimento de sociedades complexas e para a ascensão da civilização tal como a conhecemos.

O alvorecer da agricultura: Dos caçadores-recolectores aos agricultores

Durante milhares de anos, as sociedades humanas subsistiram como caçadores-recolectores, vivendo da terra e adaptando-se ao fluxo e refluxo da generosidade da natureza. No entanto, há cerca de 10 000 anos, ocorreu uma profunda transformação quando os seres humanos começaram a cultivar colheitas e a domesticar animais, marcando o início da agricultura. Esta mudança monumental lançou as bases para comunidades estabelecidas, civilizações complexas e o mundo moderno tal como o conhecemos.

A transição:

A transição de um estilo de vida de caçador-recolector para a agricultura não foi um acontecimento súbito, mas antes um processo gradual moldado por uma convergência de factores ambientais, sociais e tecnológicos. À medida que as populações cresciam e os recursos se tornavam cada vez mais escassos, os primeiros seres humanos enfrentaram o desafio de assegurar um abastecimento alimentar fiável. Em resposta, começaram a fazer experiências com a plantação de sementes e o cultivo de plantas selvagens, o que levou ao aparecimento da agricultura.

Em regiões como o Crescente Fértil no Médio Oriente, o Vale do Nilo no Egipto, o Vale do Indo no Sul da Ásia e o Vale do Rio Amarelo na China, as terras férteis e os climas favoráveis proporcionaram as condições ideais para as primeiras experiências agrícolas. Aqui, os povos antigos começaram a domesticar culturas como o trigo, a cevada, o arroz e o painço, bem como animais como ovelhas, cabras, gado e porcos. Estas inovações lançaram as bases para o desenvolvimento da agricultura tal como a conhecemos atualmente.

A Revolução Agrícola:

A transição para a agricultura teve implicações de grande alcance para as sociedades humanas, remodelando as economias, as estruturas sociais e a relação entre os seres humanos e o mundo natural. Com a capacidade de produzir excedentes alimentares, as primeiras comunidades agrícolas deixaram de depender exclusivamente da caça e da recolha para se sustentarem. Este excedente permitiu o desenvolvimento de comunidades fixas, a especialização do trabalho e o aparecimento de civilizações complexas.

Uma das principais inovações da revolução agrícola foi o desenvolvimento de técnicas agrícolas como a irrigação, a lavoura e a rotação de culturas. Estas técnicas permitiram aos agricultores aumentar os rendimentos e cultivar as colheitas em maior escala, o que levou ao crescimento da população e ao aparecimento de centros urbanos. A domesticação de animais também desempenhou um papel crucial, fornecendo uma fonte fiável de carne, leite e mão de obra para as tarefas agrícolas.

Impacto na sociedade:

O advento da agricultura teve profundos impactos sociais e culturais, transformando a forma como os seres humanos interagiam entre si e com o ambiente. Com o aparecimento de comunidades fixas, começaram a surgir hierarquias sociais, uma vez que os indivíduos se especializaram em vários ofícios e profissões. Esta divisão do trabalho lançou as bases para o desenvolvimento de sociedades complexas com governação centralizada, redes de comércio e instituições culturais.

Além disso, a agricultura alterou fundamentalmente a relação da humanidade com o mundo natural. À medida que as florestas foram sendo desbravadas e a terra cultivada, a biodiversidade foi afetada e os ecossistemas transformados. A domesticação de animais levou à propagação de novas doenças, enquanto as práticas agrícolas intensivas contribuíram para a erosão dos solos e a desflorestação. Apesar destes desafios, a agricultura continuou a ser a pedra angular da civilização humana, sustentando milhares de milhões de pessoas e moldando o curso da história.

A Revolução Neolítica: Lavrar o solo e estabelecer-se

Desde as origens antigas da agricultura até às tecnologias de ponta que moldam os campos de amanhã, este livro é uma celebração da relação duradoura da humanidade com a terra e do potencial ilimitado dos nossos empreendimentos agrícolas.

A Revolução Neolítica, que começou por volta de 10 000 a.C. e durou vários milénios, marcou uma mudança profunda na sociedade humana. À medida que as comunidades aprenderam a cultivar colheitas e a criar gado, deixaram de depender exclusivamente da caça e da recolha para se alimentarem. Esta nova capacidade de produzir excedentes alimentares levou ao crescimento da população, ao desenvolvimento de povoações permanentes e ao aparecimento da estratificação social.

Uma das principais inovações da Revolução Neolítica foi o desenvolvimento de técnicas agrícolas como a irrigação, a lavoura e a rotação de culturas. Estas técnicas permitiram aos agricultores maximizar os seus rendimentos e cultivar as colheitas numa escala maior. Além disso, a domesticação de animais proporcionou uma fonte fiável de carne, leite e trabalho, aumentando ainda mais a produtividade agrícola.

As povoações transformaram-se em aldeias, e as aldeias em vilas e cidades, à medida que os excedentes agrícolas permitiam a especialização do trabalho. Surgiram artesãos, comerciantes, sacerdotes e governantes, formando as bases das primeiras civilizações. Seguiu-se o desenvolvimento da escrita, da arquitetura monumental e de instituições sociais complexas, lançando as bases para as grandes civilizações do mundo antigo.

Baseando-se na sabedoria das civilizações antigas e nos mais recentes avanços tecnológicos, "Cultivar a Abundância" explora os princípios intemporais e as práticas inovadoras que permitiram aos agricultores e aos produtores agrícolas alimentar e sustentar a humanidade tanto em tempos de abundância como de escassez. Através de uma narrativa vívida e de uma análise perspicaz, os leitores descobrirão o profundo impacto da agricultura nas nossas culturas, economias e ecossistemas, e apreciarão mais profundamente o papel vital que os agricultores e os produtores de alimentos desempenham na construção do nosso futuro coletivo

Agriculture and the Rise of Civilization: Como a agricultura mudou o jogo

O advento da agricultura transformou fundamentalmente a sociedade humana, preparando o terreno para o surgimento da civilização. Ao proporcionar uma fonte fiável de alimentos, a agricultura permitiu o crescimento das populações e o florescimento das comunidades. Os excedentes alimentares permitiram o desenvolvimento de redes de comércio, o estabelecimento de governos e a criação de instituições culturais e religiosas.

Para além dos seus impactos sociais e culturais, a agricultura teve também profundas consequências ecológicas. À medida que as florestas foram sendo desbravadas e a terra cultivada, a biodiversidade foi afetada e os ecossistemas transformados. A domesticação de animais levou à propagação de novas doenças, enquanto as práticas agrícolas intensivas contribuíram para a erosão dos solos e a desflorestação.

Apesar destes desafios, a agricultura continuou a ser a pedra angular da civilização humana, sustentando milhares de milhões de pessoas e moldando o curso da história. Ao olharmos para o futuro, as lições do nosso passado agrícola recordam-nos a importância da gestão e da sustentabilidade para garantir o bem-estar da humanidade e do planeta.

Baseando-se na sabedoria das civilizações antigas e nos mais recentes avanços tecnológicos, "Cultivar a Abundância" explora os princípios intemporais e as práticas inovadoras que permitiram aos agricultores e aos produtores agrícolas alimentar e sustentar a humanidade tanto em tempos de abundância como de escassez. Através de uma narrativa vívida e de uma análise perspicaz, os leitores descobrirão o profundo impacto da agricultura nas nossas culturas, economias e ecossistemas, e apreciarão mais profundamente o papel vital que os agricultores e os produtores de alimentos desempenham na construção do nosso futuro coletivo.

Capítulo 2: Cultivar a generosidade da natureza

A Arte e a Ciência do Cultivo de Culturas: Das técnicas antigas às inovações modernas

O cultivo de culturas é um empreendimento multifacetado que mistura técnicas antigas com inovações modernas, combinando a sabedoria tradicional com a ciência de ponta para alimentar uma população global em crescimento. Desde os primórdios da agricultura até aos dias de hoje, os agricultores têm adaptado continuamente as suas práticas para enfrentar os desafios das alterações climáticas, da evolução dos mercados e dos avanços tecnológicos. A arte e a ciência do cultivo de culturas representam uma rica tapeçaria de engenho e resiliência humana, enraizada numa profunda ligação à terra e numa profunda compreensão dos processos naturais.

Técnicas antigas: Sabedoria transmitida de geração em geração

A história do cultivo de culturas remonta a milhares de anos, com os primeiros seres humanos a fazer experiências com plantas e a desenvolver técnicas para melhorar a sua produção e qualidade. Práticas como a rotação de culturas, as culturas intercalares e a plantação associada foram dos primeiros métodos utilizados para melhorar a fertilidade do solo, controlar as pragas e otimizar as condições de cultivo. Estas técnicas antigas, aperfeiçoadas através de tentativas e erros ao longo de gerações, constituem a base da agricultura sustentável e continuam a ser praticadas atualmente por agricultores de todo o mundo.

O melhoramento tradicional de plantas é outra prática antiga que tem desempenhado um papel central no cultivo de culturas. Os agricultores criaram seletivamente plantas para obterem características desejáveis, como rendimento, sabor e resistência a doenças, adaptando gradualmente as culturas aos climas e condições de crescimento locais. O desenvolvimento de diversas variedades de culturas adaptadas a diferentes ambientes permitiu aos agricultores atenuar os riscos de fracasso das colheitas e garantir a segurança alimentar das suas comunidades.

Inovações modernas: Transformando a paisagem agrícola

Nas últimas décadas, os avanços na ciência e tecnologia agrícolas revolucionaram a forma como cultivamos alimentos, aumentando a produtividade e a eficiência a uma escala nunca antes imaginada. O advento da mecanização, dos fertilizantes sintéticos e dos pesticidas permitiu que os agricultores cultivassem áreas maiores de terra e produzissem maiores rendimentos, alimentando uma população global em crescimento. Máquinas como tractores, ceifeiras-debulhadoras e ceifeiras-debulhadoras substituíram o trabalho humano e animal, permitindo aos agricultores trabalhar de forma mais rápida e eficiente.

As inovações biotecnológicas alargaram ainda mais as possibilidades de cultivo, oferecendo soluções para alguns dos desafios mais prementes que a agricultura enfrenta. As técnicas de engenharia genética e de edição de genes permitem aos cientistas modificar os genomas das culturas com precisão, criando plantas com maior rendimento, resistência a pragas e doenças e maior valor nutricional. Estas tecnologias prometem dar resposta a questões globais como a insegurança alimentar, a subnutrição e as alterações climáticas, oferecendo novas oportunidades para uma agricultura sustentável e resiliente.

Práticas agrícolas sustentáveis: Equilíbrio entre tradição e inovação

Apesar dos benefícios das tecnologias agrícolas modernas, há um reconhecimento crescente da necessidade de adotar práticas agrícolas mais sustentáveis que minimizem o impacto ambiental e promovam a resiliência a longo prazo. A agroecologia, a agricultura biológica e a agricultura regenerativa são algumas das abordagens que estão a ganhar força, enfatizando a importância de trabalhar com a natureza e não contra ela.

A agroecologia procura imitar os ecossistemas naturais, aproveitando o poder da biodiversidade e dos processos ecológicos para melhorar a fertilidade do solo, o controlo de pragas e o ciclo de nutrientes. A agricultura biológica evita insumos sintéticos, como fertilizantes e pesticidas, em favor de métodos e materiais naturais, promovendo a saúde do solo, a biodiversidade e a resiliência do ecossistema. A agricultura regenerativa adopta uma abordagem holística da agricultura, centrando-se na melhoria da saúde dos solos, no reforço dos serviços dos ecossistemas e na criação de resiliência nas paisagens agrícolas.

Em conclusão, a arte e a ciência do cultivo de culturas englobam um conjunto diversificado de técnicas e abordagens, cada uma com os seus próprios pontos fortes e limitações. Recorrendo tanto à sabedoria ancestral como às inovações modernas, os agricultores podem cultivar culturas de uma forma que seja simultaneamente produtiva e sustentável, garantindo a segurança alimentar para as gerações futuras e protegendo simultaneamente a saúde do planeta. Ao olharmos para o futuro, a integração contínua da tradição e da inovação será essencial para enfrentar os desafios de um mundo em rápida mudança.

Saúde do solo: A base da agricultura sustentável

A saúde do solo é a pedra angular da agricultura sustentável, servindo de base sobre a qual são construídos sistemas agrícolas produtivos e resilientes. Engloba uma rede dinâmica e intrincada de propriedades físicas, químicas e biológicas que interagem para apoiar o crescimento das plantas, o ciclo de nutrientes e a função do ecossistema. Como administradores da terra, os agricultores desempenham um papel crucial na preservação e melhoria da saúde do solo para garantir a produtividade e sustentabilidade a longo prazo dos sistemas agrícolas.

Propriedades físicas do solo:

Um solo saudável possui uma matriz bem estruturada e porosa que facilita processos essenciais como a infiltração de água, a penetração das raízes e a troca de ar. Uma boa estrutura do solo é crucial para manter a porosidade do solo, evitar a compactação e promover o desenvolvimento das raízes. A textura do solo, a agregação e a compactação são indicadores-chave da saúde física do solo, sendo que os solos arenosos têm normalmente uma fraca capacidade de retenção de água, enquanto os solos argilosos podem sofrer de problemas de drenagem e compactação. As práticas agrícolas sustentáveis, como a mobilização mínima ou as técnicas de plantio direto, ajudam a preservar a estrutura do solo e a minimizar a perturbação do solo, reduzindo assim a erosão, preservando a matéria orgânica do solo e melhorando a retenção de água no solo.

Propriedades químicas do solo:

A composição química do solo influencia a disponibilidade de nutrientes, o equilíbrio do pH e a fertilidade geral do solo. Os nutrientes essenciais, como o azoto, o fósforo e o potássio, são vitais para o crescimento das plantas e devem estar presentes em quantidades adequadas e no equilíbrio certo para uma produção vegetal óptima. O pH do solo também desempenha um papel crucial na disponibilidade de nutrientes e na atividade microbiana, sendo que a maioria das culturas prefere uma gama de pH ligeiramente ácida a neutra. Os agricultores sustentáveis utilizam testes de solo e práticas de gestão de nutrientes para avaliar a fertilidade do solo e ajustar as entradas de nutrientes em conformidade, minimizando o risco de desequilíbrios de nutrientes, lixiviação e poluição. Além disso, são utilizados aditivos orgânicos, como composto, estrume e culturas de cobertura, para aumentar a fertilidade do solo, melhorar a estrutura do solo e promover a atividade microbiana, reduzindo assim a dependência de fertilizantes sintéticos e de insumos químicos.

Propriedades biológicas do solo:

Talvez o aspeto mais dinâmico e complexo da saúde do solo seja a sua componente biológica, que engloba um conjunto diversificado de microrganismos, insectos, minhocas e outros organismos do solo que desempenham papéis essenciais no ciclo de nutrientes, na decomposição e na fertilidade do solo. Os micróbios do solo, como as bactérias, os fungos e os protozoários, estão envolvidos em processos como a fixação do azoto, a mineralização e a decomposição da matéria orgânica, libertando nutrientes em formas acessíveis às plantas. As minhocas e outra fauna do solo ajudam a melhorar a estrutura do solo, arejam o solo e aumentam o ciclo de nutrientes através das suas actividades de escavação e alimentação. As práticas agrícolas sustentáveis, como as culturas de cobertura, a rotação de culturas e a redução da lavoura, promovem a biodiversidade e a atividade microbiana do solo, criando um ecossistema de solo saudável e resistente, capaz de resistir às pressões ambientais e de suportar um crescimento vigoroso das plantas.

Promover a saúde do solo:

A manutenção e o reforço da saúde do solo requerem uma abordagem multifacetada que aborde os aspectos físicos, químicos e biológicos da fertilidade e da resistência do solo. Os agricultores sustentáveis utilizam uma variedade de práticas destinadas a melhorar a estrutura, a fertilidade e a atividade biológica do solo, minimizando simultaneamente a erosão do solo, a perda de nutrientes e a degradação ambiental. Estas podem incluir:

1. Técnicas de lavoura mínima ou de plantio direto para preservar a estrutura do solo e reduzir a erosão.
2. Culturas de cobertura e rotação de culturas para melhorar o teor de matéria orgânica do solo, suprimir as ervas daninhas e melhorar o ciclo de nutrientes.
3. Práticas de gestão de nutrientes, tais como testes ao solo, fertilização de precisão e alterações orgânicas para otimizar a disponibilidade de nutrientes e minimizar os impactos ambientais.
4. Práticas de conservação como a agricultura de contorno, terraços e faixas de proteção para reduzir a erosão do solo, a sedimentação e o escoamento de nutrientes.
5. Abordagens agroecológicas como a agrossilvicultura, a consociação de culturas e a policultura para aumentar a biodiversidade, a resistência dos ecossistemas e a saúde dos solos.

A saúde do solo é a base da agricultura sustentável, fornecendo os nutrientes essenciais, a água e o apoio de que as plantas necessitam para se desenvolverem. Ao adotar práticas que promovem a saúde do solo, os agricultores podem melhorar o rendimento das culturas, reduzir os custos dos factores de produção e aumentar a resistência dos sistemas agrícolas às pressões ambientais e às alterações climáticas. Além disso, os solos saudáveis desempenham um papel crucial na atenuação das alterações climáticas, sequestrando carbono, melhorando a qualidade da água e reforçando os serviços ecossistémicos. Como administradores da terra, cabe aos agricultores e gestores de terras dar prioridade à saúde do solo nas suas práticas de gestão, garantindo assim a produtividade a longo prazo e a sustentabilidade das paisagens agrícolas para as gerações futuras.

Água, luz solar e ar: Os Elementos Essenciais do Crescimento das Culturas

A água, a luz solar e o ar são os elementos fundamentais que sustentam a vida e conduzem o processo de fotossíntese, que é a base do crescimento das plantas. Cada um destes elementos desempenha um papel crítico no crescimento e desenvolvimento das culturas, influenciando tudo, desde a germinação das sementes até ao amadurecimento dos frutos. Compreender a interação entre estes elementos essenciais é fundamental para o sucesso do cultivo de culturas e para garantir a segurança alimentar de uma população global em crescimento.

A água: O Elixir da Vida

A água é talvez o mais essencial destes elementos, servindo como o principal meio através do qual os nutrientes são transportados para as células vegetais. Está envolvida em numerosos processos fisiológicos, incluindo a fotossíntese, a transpiração e a absorção de nutrientes. A disponibilidade adequada de água é fundamental para o crescimento das plantas, sendo que as deficiências ou excessos conduzem a um crescimento atrofiado, murchidão e rendimentos reduzidos. Em regiões propensas a secas ou a precipitações irregulares, são utilizados sistemas de irrigação, como a irrigação gota a gota ou os aspersores, para complementar a precipitação natural e assegurar um fornecimento consistente de água às culturas. As práticas de gestão sustentável da água, como a recolha de água da chuva, a monitorização da humidade do solo e as tecnologias de irrigação eficientes ajudam a otimizar a eficiência da utilização da água e a minimizar o seu desperdício na agricultura.

A luz solar: A fonte de energia da natureza

A luz solar é outro fator essencial no crescimento das culturas, fornecendo a energia necessária para a fotossíntese, o processo pelo qual as plantas convertem o dióxido de carbono e a água em açúcares e oxigénio. A intensidade, a duração e a qualidade da luz influenciam o crescimento e o desenvolvimento das plantas, com diferentes culturas a necessitarem de níveis variáveis de luz solar, consoante a sua capacidade fotossintética e os seus hábitos de crescimento. As culturas sensíveis ao fotoperíodo, como certas variedades de arroz e trigo, dependem de sinais de duração do dia para iniciar a floração e o crescimento reprodutivo. Compreender as necessidades de luz das diferentes culturas e otimizar a exposição à luz através de técnicas adequadas de espaçamento entre culturas, poda e gestão da copa das árvores pode ajudar os agricultores a maximizar a eficiência fotossintética e o rendimento das culturas.

Ar: O sopro da vida

O ar, especificamente o dióxido de carbono, também é essencial para a fotossíntese, servindo como fonte de átomos de carbono para a síntese de açúcar. Além disso, a circulação do ar é importante para garantir a troca adequada de gases e evitar a acumulação de humidade excessiva, que pode promover doenças fúngicas e reduzir o vigor das plantas. A ventilação e o fluxo de ar adequados dentro das copas das culturas ajudam a minimizar os níveis de humidade, melhoram a absorção de nutrientes e reduzem o risco de pragas e doenças. Os quebra-ventos, as treliças e a poda são normalmente utilizados para melhorar o movimento do ar e otimizar as condições microclimáticas nos ambientes agrícolas.

Em resumo, a água, a luz solar e o ar são os elementos essenciais que sustentam a vida das plantas e conduzem o processo de crescimento das culturas. Ao compreender as interacções entre estes elementos e ao implementar práticas de gestão adequadas, os agricultores podem otimizar as condições de crescimento, melhorar o rendimento das culturas e promover a sustentabilidade a longo prazo dos sistemas agrícolas. Da sabedoria antiga às inovações modernas, a arte e a ciência do cultivo de culturas continuam a evoluir, impulsionadas por uma compreensão profunda dos princípios da natureza e um compromisso de nutrir as pessoas e o planeta.

Capítulo 3: O arsenal do agricultor

Ferramentas do ofício: Dos arados aos drones

Ao longo da história, os agricultores têm confiado numa série de ferramentas para cultivar a terra e tratar das suas colheitas, cada uma representando um marco na evolução da tecnologia agrícola. Desde o início humilde das ferramentas manuais simples até à maquinaria sofisticada da era moderna, as ferramentas do comércio agrícola têm revolucionado continuamente a forma como cultivamos os alimentos e gerimos as nossas paisagens agrícolas.

No centro da inovação agrícola está o icónico arado, uma alfaia que moldou o curso da história humana durante milhares de anos. A capacidade do arado para revolver o solo e prepará-lo para a plantação marcou um momento crucial na transição das sociedades nómadas de caçadores-recolectores para comunidades agrícolas fixas. Os primeiros arados eram estruturas básicas de madeira puxadas por humanos ou animais, mas, com o tempo, inovações como o arado de aiveca e o arado montado em trator aumentaram consideravelmente a eficiência e a produtividade, permitindo aos agricultores cultivar maiores áreas de terra e produzir maiores rendimentos.

Para além do arado, os agricultores desenvolveram e utilizaram uma grande variedade de ferramentas manuais e equipamento elétrico para executar as inúmeras tarefas necessárias na produção agrícola. Semeadores, cultivadores, grades, ceifeiras-debulhadoras e sistemas de irrigação são apenas alguns exemplos das ferramentas que foram concebidas para simplificar aspectos específicos das operações agrícolas, desde a plantação e a monda até à colheita e à irrigação. Estas ferramentas não só aumentaram a eficiência e a produtividade, como também permitiram aos agricultores adaptarem-se às condições ambientais e às exigências do mercado em constante mudança, assegurando a sustentabilidade e a rentabilidade das suas operações.

Nos últimos anos, os avanços na robótica e na automação deram início a uma nova era de maquinaria agrícola, prometendo revolucionar ainda mais a forma como cultivamos. Os drones equipados com câmaras e sensores podem monitorizar a saúde das culturas e avaliar as condições do campo a partir de cima, fornecendo aos agricultores dados valiosos para a tomada de decisões e a gestão de recursos. Os tractores autónomos e as ceifeiras robóticas também estão em ascensão, oferecendo o potencial para aumentar a eficiência, reduzir os custos de mão de obra e minimizar os impactos ambientais.

Ao olharmos para o futuro, as ferramentas do comércio agrícola continuarão a evoluir e a adaptar-se para enfrentar os desafios e as oportunidades de um mundo em rápida mudança. Desde as ferramentas manuais tradicionais à robótica de ponta, as ferramentas da agricultura representam não só o engenho da inovação humana, mas também o nosso compromisso contínuo de alimentar e sustentar a população crescente do nosso planeta.

Sementes de sucesso: Reprodução e Modificação Genética na Agricultura

No coração de cada colheita bem sucedida está a semente, a unidade fundamental da produção de culturas. Durante milénios, os agricultores praticaram a arte da reprodução selectiva, guardando e seleccionando meticulosamente as sementes das plantas com melhor desempenho para melhorar o rendimento das culturas e adaptar as variedades às condições de crescimento locais. Este processo antigo, conhecido como melhoramento tradicional de plantas, continua a ser uma pedra angular da agricultura moderna, preservando a diversidade genética e promovendo a resiliência dos nossos sistemas alimentares.

Os métodos tradicionais de reprodução envolvem o cruzamento de plantas com características desejáveis e a seleção da descendência com as características desejadas para posterior reprodução. Este processo iterativo, orientado pelos princípios da genética e da seleção natural, conduziu ao desenvolvimento de inúmeras variedades de culturas adaptadas a diversos climas, solos e práticas agrícolas. Desde as variedades de milho tolerantes à seca até às cultivares de trigo resistentes a doenças, o melhoramento tradicional tem desempenhado um papel fundamental na resposta às necessidades e desafios da agricultura em constante evolução.

Para além do melhoramento tradicional, os cientistas desenvolveram técnicas de modificação genética (GM) para introduzir características específicas nas plantas cultivadas. As culturas geneticamente modificadas podem ser concebidas para obter características como a tolerância aos herbicidas, a resistência aos insectos, a resistência às doenças ou um melhor conteúdo nutricional. Embora controversa, a tecnologia GM tem o potencial de responder a desafios prementes como o controlo de pragas e doenças, a tolerância à seca e as deficiências nutricionais, oferecendo novas oportunidades para uma agricultura sustentável e a segurança alimentar.

Os recentes avanços na biologia molecular e na genómica aceleraram ainda mais o ritmo do melhoramento das culturas, revolucionando a forma como criamos e desenvolvemos novas variedades. Os cientistas podem agora sequenciar genomas de plantas e identificar genes associados a características desejáveis, fornecendo informações valiosas sobre a base genética do crescimento, desenvolvimento e respostas ao stress das plantas. Este conhecimento conduziu ao desenvolvimento de técnicas de melhoramento de precisão, como a seleção assistida por marcadores (MAS) e a edição do genoma, que permitem uma manipulação mais precisa e orientada dos genomas das plantas, sem introduzir ADN estranho.

Apesar destes avanços, o debate sobre a segurança e as implicações éticas da modificação genética continua a ser intenso. Os críticos manifestam a sua preocupação com as potenciais consequências ambientais indesejadas, a consolidação da propriedade das sementes por grandes empresas e o impacto nas práticas agrícolas tradicionais e na biodiversidade. Os defensores argumentam que a tecnologia GM é muito promissora para enfrentar desafios globais como as alterações climáticas, a insegurança alimentar e a subnutrição, salientando a necessidade de testes rigorosos, regulamentação e transparência para garantir a utilização responsável desta poderosa ferramenta na agricultura.

À medida que navegamos nas complexidades da agricultura moderna, é essencial considerar as diversas perspectivas e valores que moldam a nossa abordagem ao melhoramento das culturas. Combinando a sabedoria do melhoramento tradicional com a inovação da modificação genética e o poder da ciência genómica, podemos cultivar sistemas alimentares resistentes, produtivos e sustentáveis que alimentem as pessoas e o planeta durante as gerações vindouras.

Pragas e Predadores: Gerir as ameaças ao rendimento das culturas

Um dos maiores desafios que os agricultores enfrentam é a gestão de pragas e predadores que podem devastar as culturas e reduzir os rendimentos. Insectos, ervas daninhas, doenças e pragas de vertebrados representam ameaças constantes à produção agrícola, exigindo uma monitorização vigilante e estratégias de gestão proactivas.

Historicamente, os agricultores têm recorrido a uma variedade de técnicas para controlar as pragas e os predadores, incluindo métodos culturais, mecânicos, biológicos e químicos. Práticas culturais como a rotação de culturas, a consociação de culturas e o saneamento podem ajudar a reduzir as populações de pragas, perturbando os seus ciclos de vida e reduzindo o habitat e as fontes de alimento. Os métodos mecânicos, como a monda manual, a lavoura e a cobertura morta, podem remover fisicamente as pragas do campo ou criar barreiras à sua deslocação.

O controlo biológico envolve a utilização de inimigos naturais, como predadores, parasitas e agentes patogénicos, para suprimir as populações de pragas. Isto pode incluir a libertação de insectos predadores ou a introdução de pesticidas microbianos que visam pragas específicas, minimizando os danos a organismos não visados.

O controlo químico, sob a forma de pesticidas e herbicidas, continua a ser um método comum de gestão das pragas na agricultura moderna. Embora eficazes no controlo das pragas, os pesticidas químicos podem ter consequências ambientais indesejadas, incluindo a toxicidade para os organismos não visados, a resistência aos pesticidas e a contaminação do solo e dos recursos hídricos. A gestão integrada das pragas (GIP) procura minimizar a dependência dos pesticidas químicos, combinando várias tácticas de controlo das pragas de uma forma coordenada e sustentável.

Nos últimos anos, tem havido um interesse crescente em estratégias alternativas de gestão de pragas, como a agroecologia, a agricultura biológica e a engenharia ecológica. Estas abordagens dão ênfase à construção de agroecossistemas saudáveis e resistentes, menos vulneráveis a surtos de pragas e mais capazes de se auto-regularem.

Em resumo, o arsenal do agricultor engloba uma vasta gama de ferramentas e técnicas para cultivar culturas, gerir pragas e garantir colheitas bem sucedidas. Desde os antigos arados às tecnologias genéticas de ponta, os agricultores recorrem a um vasto leque de recursos para enfrentar as complexidades da agricultura moderna e alimentar uma população mundial em crescimento.

Capítulo 4: Cultivar a diversidade

Diversidade das culturas: Proteger o nosso património agrícola

A diversidade das culturas é a base do nosso património agrícola, abrangendo o vasto espetro de espécies e variedades de plantas cultivadas por agricultores de todo o mundo. Durante milénios, os seres humanos desempenharam um papel ativo na seleção, reprodução e adaptação das culturas a uma vasta gama de climas, solos e condições de cultivo. Este esforço coletivo deu origem a uma rica tapeçaria de biodiversidade agrícola, que reflecte o engenho e a adaptabilidade das comunidades agrícolas ao longo da história.

A importância da diversidade das culturas não pode ser sobrestimada. Cada cultura e variedade possui traços e características únicos, que vão desde a tolerância à seca e a resistência às pragas até ao valor nutricional e aos atributos culinários. Esta diversidade inerente constitui uma proteção crucial contra os desafios ambientais e os caprichos das alterações climáticas, garantindo a resiliência e a sustentabilidade dos sistemas agrícolas em todo o mundo. Além disso, a diversidade das culturas desempenha um papel vital na manutenção de ecossistemas saudáveis, no apoio aos polinizadores e na preservação das tradições culturais e dos conhecimentos indígenas associados às práticas agrícolas.

Apesar da sua importância crítica, a biodiversidade agrícola enfrenta ameaças crescentes na era moderna. Factores como a industrialização, a agricultura de monocultura e a adoção generalizada de variedades de culturas uniformes contribuíram para a erosão da diversidade genética nas nossas paisagens agrícolas. A perda de diversidade de culturas não só prejudica a resiliência dos sistemas alimentares, como também apresenta riscos significativos para a segurança alimentar global, deixando os sistemas agrícolas vulneráveis a pragas, doenças e degradação ambiental.

Para salvaguardar e promover a diversidade das culturas, estão a ser desenvolvidos esforços concertados entre agricultores, cientistas e conservacionistas de todo o mundo. Estas iniciativas abrangem uma série de estratégias destinadas a conservar e a melhorar os recursos genéticos em diversas culturas e regiões. Os bancos de sementes, os bancos de genes e os intercâmbios comunitários de sementes servem de repositórios para diversas variedades de culturas, preservando o material genético para as gerações futuras e facilitando a investigação e os esforços de melhoramento destinados a aumentar a resistência e a adaptabilidade das culturas.

Além disso, as práticas de conservação nas explorações agrícolas, os programas participativos de melhoramento de plantas e a integração de sistemas de conhecimentos indígenas desempenham um papel crucial na salvaguarda da biodiversidade agrícola e na promoção de práticas agrícolas sustentáveis. Ao capacitar os agricultores para participarem ativamente na conservação e gestão da diversidade das culturas, estas iniciativas fomentam a resiliência, promovem a soberania alimentar local e asseguram a relevância contínua das práticas agrícolas tradicionais num mundo em rápida mutação.

Na sua essência, proteger e promover a diversidade das culturas não é apenas uma questão de preservar o passado, mas de salvaguardar o futuro da agricultura e da segurança alimentar. Reconhecendo o valor inerente da biodiversidade agrícola e adoptando abordagens holísticas de conservação e gestão, podemos cultivar sistemas alimentares resistentes, diversificados e sustentáveis que alimentem as pessoas e o planeta durante as gerações vindouras.

Práticas agrícolas sustentáveis: Da agricultura biológica à permacultura

Em resposta às crescentes preocupações com os impactos ambientais e sociais da agricultura convencional, tem-se registado um notável ressurgimento do interesse por práticas agrícolas sustentáveis que visam minimizar os danos ao ambiente e, simultaneamente, promover a saúde e o bem-estar dos agricultores e dos consumidores. Esta mudança de paradigma representa uma profunda reavaliação da nossa abordagem à produção alimentar, sublinhando a necessidade de sistemas agrícolas que sejam ecologicamente correctos, socialmente justos e economicamente viáveis a longo prazo.

Uma das formas mais reconhecidas de agricultura sustentável é a agricultura biológica, que dá prioridade à utilização de factores de produção naturais e processos biológicos para melhorar a fertilidade do solo, controlar pragas e doenças e promover a biodiversidade. Os agricultores biológicos evitam os fertilizantes sintéticos, os pesticidas e os organismos geneticamente modificados (OGM), optando por técnicas como a rotação de culturas, a compostagem e o controlo biológico de pragas para criar agroecossistemas saudáveis e resistentes. Ao trabalhar em harmonia com a natureza e não contra ela, a agricultura biológica promove a saúde dos solos, apoia os polinizadores e os insectos benéficos e reduz o impacto ambiental da produção agrícola.

A permacultura representa outra abordagem inovadora à agricultura sustentável, inspirando-se nos ecossistemas naturais para conceber sistemas agrícolas produtivos e regenerativos. Com base em princípios como a diversidade, a integração e a autorregulação, a permacultura procura criar florestas alimentares, policulturas e paisagens agroecológicas que imitam a resiliência e a diversidade dos ecossistemas naturais. Ao observar cuidadosamente e imitar os padrões e processos encontrados na natureza, os praticantes de permacultura têm como objetivo criar sistemas alimentares auto-sustentáveis que requerem o mínimo de insumos, maximizando os rendimentos e os benefícios ecológicos.

Para além da agricultura biológica e da permacultura, existe uma infinidade de outras práticas agrícolas sustentáveis que os agricultores podem adotar para reduzir a sua pegada ambiental e aumentar a sustentabilidade das suas operações. Estas podem incluir a agro-silvicultura, que integra árvores e arbustos em paisagens agrícolas para proporcionar sombra, quebra-ventos e habitat para a vida selvagem, melhorando simultaneamente a fertilidade do solo e o sequestro de carbono. A agricultura de conservação dá ênfase à perturbação mínima do solo, à cobertura permanente do solo e às rotações diversificadas de culturas para melhorar a saúde do solo, a retenção de água e a conservação da biodiversidade. As técnicas holísticas de gestão do pastoreio, como o pastoreio rotativo e o pastoreio multi-espécies, promovem a regeneração do solo, a saúde das pastagens e o sequestro de carbono, melhorando simultaneamente o bem-estar e a produtividade dos animais.

Coletivamente, estas práticas agrícolas sustentáveis representam uma mudança para sistemas alimentares mais resilientes, ecologicamente equilibrados e socialmente equitativos. Ao adotar princípios de sustentabilidade, diversidade e resiliência, os agricultores podem desempenhar um papel fundamental na mitigação das alterações climáticas, na conservação da biodiversidade e na salvaguarda da saúde e do bem-estar das pessoas e do planeta. Ao enfrentarmos os desafios do século XXI, a agricultura sustentável oferece um caminho para um futuro mais sustentável e equitativo para todos.

O papel da agrofloresta e da agroecologia na construção de sistemas alimentares resilientes

A agrossilvicultura e a agroecologia representam dois pilares interligados da agricultura sustentável, cada um oferecendo perspectivas e estratégias únicas para a construção de sistemas alimentares resistentes que possam suportar os desafios de um mundo em rápida mudança. Ao integrar árvores, culturas e gado em paisagens agrícolas, estas abordagens aproveitam o poder da diversidade ecológica e dos processos naturais para aumentar a produtividade, conservar recursos e promover a resiliência ecológica.

A agrofloresta, como o nome sugere, envolve a integração intencional de árvores e arbustos em sistemas agrícolas, criando paisagens multifuncionais que proporcionam uma vasta gama de benefícios ecológicos, económicos e sociais. Estes sistemas agroflorestais podem assumir várias formas, incluindo a cultura em faixas, a silvopastagem, os quebra-ventos e a agricultura florestal, cada uma delas adaptada às necessidades e condições específicas da terra e das pessoas que dela dependem. Ao plantar árvores estrategicamente ao lado de culturas e gado, a agrofloresta aumenta a fertilidade do solo, evita a erosão, atenua as alterações climáticas através do sequestro de carbono e proporciona habitat para a vida selvagem, ao mesmo tempo que diversifica os fluxos de rendimento dos agricultores e aumenta a resiliência dos meios de subsistência agrícolas.

A agroecologia, por outro lado, é uma abordagem holística da agricultura que enfatiza os princípios ecológicos da diversidade, reciclagem e regeneração. Enraizados no entendimento de que a agricultura está inerentemente interligada com o mundo natural, os sistemas agrícolas agroecológicos procuram imitar a estrutura e a função dos ecossistemas naturais, aproveitando o poder da biodiversidade e dos processos ecológicos para melhorar a saúde do solo, o controlo de pragas e o ciclo de nutrientes. Ao fomentar agroecossistemas saudáveis e resistentes, a agroecologia promove a sustentabilidade a longo prazo da produção alimentar, ao mesmo tempo que reduz a dependência de factores de produção externos, como os fertilizantes sintéticos e os pesticidas.

Juntas, a agrossilvicultura e a agroecologia oferecem estratégias complementares para a construção de sistemas alimentares resilientes e sustentáveis, capazes de se adaptarem aos desafios de um clima em mudança, à diminuição dos recursos naturais e à crescente procura de alimentos. Ao proteger a diversidade das culturas, adotar práticas agrícolas sustentáveis e integrar a agrossilvicultura e a agroecologia nas paisagens agrícolas, podemos cultivar um futuro alimentar mais resiliente e equitativo para as gerações vindouras. Estas abordagens não só aumentam a produtividade e a rentabilidade das operações agrícolas, como também promovem a gestão ambiental, a justiça social e a resiliência da comunidade, garantindo a saúde e a vitalidade contínuas do nosso património agrícola para as gerações vindouras.

Capítulo 5: Alimentar o mundo

Segurança alimentar mundial: Desafios e soluções

A segurança alimentar global continua a ser um desafio premente à medida que a população mundial continua a crescer, com milhões de pessoas ainda a enfrentar a fome e a subnutrição no meio de pressões crescentes sobre os sistemas agrícolas. Para resolver esta questão multifacetada, é necessária uma abordagem global que aborde questões como a desigualdade na distribuição dos alimentos, os impactos das alterações climáticas e a inovação tecnológica.

A distribuição desigual dos recursos alimentares é um obstáculo crítico à consecução da segurança alimentar mundial. Enquanto algumas regiões produzem alimentos em abundância, outras têm dificuldades devido à pobreza, aos conflitos e a infra-estruturas inadequadas. Para colmatar esta lacuna, é essencial investir no desenvolvimento rural, nas redes de segurança social e nos serviços de extensão agrícola. A capacitação dos pequenos agricultores através do acesso aos mercados, à educação e aos recursos pode melhorar a produtividade e os meios de subsistência, garantindo um acesso mais equitativo a alimentos nutritivos.

As alterações climáticas agravam os desafios da segurança alimentar ao afectarem a produtividade agrícola e a disponibilidade de alimentos. As estratégias de adaptação são cruciais para atenuar estes impactos. A diversificação das culturas, a gestão dos recursos hídricos e as práticas agrícolas resistentes ajudam os agricultores a fazer face às alterações dos padrões climáticos e aos fenómenos extremos. Além disso, os esforços para reduzir as emissões de gases com efeito de estufa provenientes da agricultura, como a conservação dos solos e a agrossilvicultura, contribuem para a atenuação das alterações climáticas, reforçando simultaneamente a segurança alimentar.

A inovação tecnológica desempenha um papel fundamental no aumento da produção alimentar e na redução do desperdício. Os avanços na seleção de culturas, na engenharia genética e na agricultura de precisão permitem aos agricultores melhorar os rendimentos, reduzir os factores de produção e adaptar-se às alterações ambientais. Além disso, os investimentos em infra-estruturas pós-colheita e redes de transporte minimizam as perdas de alimentos, assegurando que os alimentos nutritivos chegam aos mais necessitados.

Uma abordagem holística da segurança alimentar global exige a colaboração entre governos, ONG, sector privado e sociedade civil. São essenciais políticas que dêem prioridade à agricultura sustentável, apoiem os pequenos agricultores e promovam um acesso equitativo aos alimentos. Além disso, a cooperação internacional e o investimento em investigação e desenvolvimento são vitais para o desenvolvimento de soluções inovadoras e para a criação de sistemas alimentares resistentes, capazes de resistir aos desafios futuros.

Ao abordar as causas profundas da insegurança alimentar e implementar estratégias baseadas em factos, podemos aproximar-nos de um mundo onde todos tenham acesso a alimentos seguros, nutritivos e a preços acessíveis, garantindo um futuro mais sustentável e equitativo para todos.

Do prado ao prato: Navegar pelas complexidades da cadeia de abastecimento alimentar

O percurso dos alimentos desde a exploração agrícola até à mesa é um processo multifacetado e complexo que envolve numerosos intervenientes e sistemas que trabalham em conjunto para garantir a disponibilidade, acessibilidade e sustentabilidade do nosso abastecimento alimentar. A cadeia de abastecimento alimentar engloba um conjunto diversificado de actividades, que vão desde a produção inicial das culturas até ao seu consumo final pelos indivíduos, com cada fase a apresentar desafios e oportunidades únicos para promover a segurança alimentar e a sustentabilidade.

Na fase de produção, os agricultores desempenham um papel central na decisão das culturas a cultivar, na gestão das suas terras e recursos e na resposta às exigências dinâmicas do mercado e às condições ambientais. As práticas agrícolas sustentáveis, como a agricultura biológica, a agroecologia e a agricultura de conservação, oferecem aos agricultores vias para aumentar a produtividade, reduzir os impactes ambientais e criar resiliência face às alterações climáticas e a outros desafios. Ao dar prioridade à saúde do solo, à conservação da biodiversidade e à eficiência dos recursos, os agricultores podem cultivar culturas mais saudáveis, minimizando os impactes negativos no ambiente.

Após a colheita, as culturas são objeto de transformação, embalagem e transporte antes de chegarem aos mercados e aos consumidores. Esta fase da cadeia de abastecimento alimentar pode ser intensiva em termos de recursos e ambientalmente desgastante se não for gerida cuidadosamente. Os sistemas sustentáveis de processamento e distribuição de alimentos dão prioridade à eficiência energética, à redução de resíduos e à utilização de recursos renováveis para minimizar os impactos ambientais e garantir a viabilidade a longo prazo da cadeia de abastecimento alimentar. Ao adotar práticas como a embalagem eficiente, rotas de transporte optimizadas e fontes de energia renováveis, as empresas alimentares podem reduzir a sua pegada de carbono e contribuir para um sistema alimentar mais sustentável.

Ao nível do retalho e do consumidor, as escolhas individuais desempenham um papel crucial na definição da sustentabilidade da cadeia de abastecimento alimentar. Os consumidores têm o poder de apoiar sistemas alimentares sustentáveis, tomando decisões informadas sobre os alimentos que compram, optando por opções produzidas localmente, sazonais e minimamente processadas sempre que possível. Além disso, a redução do desperdício alimentar através de hábitos de consumo conscientes e de práticas de armazenamento adequadas pode ajudar a minimizar a pegada ambiental da cadeia de abastecimento alimentar. Ao defenderem políticas que promovam o acesso equitativo a alimentos saudáveis e nutritivos para todos, os consumidores podem contribuir para um sistema alimentar mais justo e resiliente que satisfaça as necessidades das gerações actuais e futuras.

Em resumo, navegar pelas complexidades da cadeia de abastecimento alimentar requer colaboração e ação colectiva a todos os níveis do sistema alimentar. Ao adotar práticas agrícolas sustentáveis, promover métodos eficientes de processamento e distribuição de alimentos e fazer escolhas conscientes como consumidores, podemos trabalhar em conjunto para construir um sistema alimentar mais resistente, equitativo e sustentável para benefício das pessoas e do planeta.

Combater a fome e a subnutrição: O papel da agricultura na saúde pública

A fome e a subnutrição continuam a ser desafios persistentes em muitas partes do mundo, afectando milhares de milhões de pessoas e contribuindo para maus resultados em termos de saúde, redução da produtividade e pobreza intergeracional. Embora a agricultura desempenhe um papel central no fornecimento de alimentos e de meios de subsistência a milhões de pessoas, a luta contra a fome e a subnutrição exige uma abordagem global que tenha em conta as determinantes sociais, económicas e ambientais subjacentes à insegurança alimentar.

Para além de garantir o acesso a quantidades suficientes de alimentos, é essencial promover regimes alimentares diversificados, nutritivos e culturalmente adequados. As políticas e os programas agrícolas podem apoiar a produção e o consumo de uma grande variedade de alimentos, incluindo frutas, legumes, leguminosas e alimentos de origem animal, para garantir que todas as pessoas tenham acesso aos nutrientes essenciais de que necessitam para uma saúde e um bem-estar óptimos.

Além disso, os investimentos nas infra-estruturas de saúde pública, na educação e na proteção social podem ajudar a resolver as causas subjacentes à desnutrição, tais como a falta de saneamento, os cuidados de saúde inadequados e a falta de acesso a água potável e a alimentos nutritivos. Ao integrar as intervenções nos domínios da agricultura, da nutrição e da saúde, os responsáveis políticos podem criar sinergias que reforcem o impacto das intervenções e melhorem os resultados em termos de saúde das populações vulneráveis.

Em conclusão, alimentar o mundo exige uma abordagem coordenada e multissectorial que aborde as causas profundas da insegurança alimentar e da subnutrição, promovendo simultaneamente sistemas alimentares sustentáveis e equitativos. Ao investir no desenvolvimento agrícola, ao apoiar sistemas sustentáveis de produção e distribuição de alimentos e ao dar prioridade às intervenções no domínio da nutrição e da saúde pública, podemos construir um futuro em que todos tenham acesso a alimentos saudáveis e nutritivos e a oportunidade de prosperar.

Capítulo 6: Colher a inovação

Tecnologia e agricultura: Da orientação por GPS à agricultura de precisão

No século XXI, a tecnologia tornou-se uma ferramenta indispensável para a agricultura moderna, revolucionando a forma como cultivamos alimentos e gerimos as paisagens agrícolas. Desde tractores guiados por GPS a drones e sensores, os agricultores têm acesso a uma vasta gama de tecnologias que lhes permitem otimizar as suas operações, aumentar a produtividade e reduzir os impactos ambientais.

Um dos avanços mais significativos na tecnologia agrícola é o desenvolvimento de técnicas de agricultura de precisão. A agricultura de precisão utiliza abordagens baseadas em dados para adaptar as práticas de gestão, tais como a plantação, a irrigação, a fertilização e o controlo de pragas às condições específicas do campo, maximizando os rendimentos e minimizando os insumos e os impactos ambientais. Tecnologias como os sistemas de orientação por GPS, a tecnologia de taxa variável e a deteção remota permitem aos agricultores direcionar com precisão os insumos para onde são mais necessários, melhorando a eficiência e reduzindo o desperdício.

Além disso, os avanços na robótica e na automação estão a transformar a forma como cultivamos e gerimos as tarefas agrícolas. As ceifeiras robóticas, as máquinas de monda e os drones são cada vez mais utilizados para executar tarefas de mão de obra intensiva, como a plantação, a monda e a monitorização de pragas, reduzindo a necessidade de trabalho manual e melhorando a eficiência. Além disso, os veículos autónomos e os drones equipados com sensores e câmaras podem recolher dados sobre a saúde das culturas, a humidade do solo e as infestações de pragas, fornecendo informações valiosas aos agricultores para a tomada de decisões.

À medida que a tecnologia continua a evoluir, as possibilidades de inovação na agricultura são infinitas. A inteligência artificial (IA) e os algoritmos de aprendizagem automática podem analisar grandes quantidades de dados para otimizar as práticas agrícolas, prever o rendimento das culturas e identificar padrões e tendências nos sistemas agrícolas. A tecnologia Blockchain é promissora para aumentar a transparência e a rastreabilidade na cadeia de abastecimento alimentar, permitindo que os consumidores acompanhem o percurso dos seus alimentos desde a exploração agrícola até à mesa. Os dispositivos da Internet das Coisas (IoT), como sensores e actuadores inteligentes, podem monitorizar as condições ambientais em tempo real, permitindo que os agricultores tomem decisões baseadas em dados e respondam rapidamente a mudanças no clima, pragas e condições do solo.

Em resumo, a tecnologia tornou-se uma força motriz para o progresso na agricultura, oferecendo soluções para alguns dos desafios mais prementes que a produção alimentar e a sustentabilidade enfrentam. Abraçando a inovação e aproveitando o poder da tecnologia, podemos construir um sistema agrícola mais eficiente, resiliente e sustentável que nutra tanto as pessoas como o planeta.

Agricultura vertical e agricultura urbana: Cultivar alimentos onde vivemos

À medida que a população mundial se torna cada vez mais urbanizada, a procura de produtos frescos e cultivados localmente está a aumentar. Em resposta a esta tendência, técnicas agrícolas inovadoras, como a agricultura vertical e a agricultura urbana, estão a ganhar popularidade, permitindo o cultivo de alimentos em áreas urbanas densamente povoadas, onde a terra é limitada e os custos de transporte são elevados.

A agricultura vertical envolve o cultivo de culturas em camadas ou estruturas empilhadas verticalmente, normalmente em espaços interiores, utilizando tecnologias de agricultura de ambiente controlado (AEC), como a hidroponia, a aeroponia e a aquaponia. Ao utilizar o espaço vertical e otimizar as condições de cultivo, como a luz, a temperatura e a humidade, as explorações agrícolas verticais podem produzir elevados rendimentos de produtos frescos e nutritivos durante todo o ano, independentemente do clima ou da estação.

A agricultura urbana engloba uma vasta gama de práticas, desde jardins em telhados e hortas comunitárias a sistemas aquapónicos e paisagismo comestível, que permitem aos habitantes das cidades cultivar alimentos em ambientes urbanos. A agricultura urbana não só proporciona o acesso a produtos frescos e cultivados localmente, como também promove o envolvimento da comunidade, a gestão ambiental e a soberania alimentar, capacitando os indivíduos e as comunidades para assumirem o controlo dos seus sistemas alimentares.

Para além de abordar a segurança alimentar e a sustentabilidade ambiental, a agricultura vertical e a agricultura urbana oferecem inúmeros benefícios sociais e económicos às comunidades urbanas. Ao criar espaços verdes, aumentar o acesso aos alimentos e promover o empreendedorismo local, estas técnicas agrícolas inovadoras contribuem para a saúde, o bem-estar e a resiliência das populações urbanas, ao mesmo tempo que reduzem a dependência do transporte de alimentos a longa distância e minimizam as emissões de carbono.

Aproveitar o poder dos dados: Big Data e IA na agricultura

Na era da informação, os dados tornaram-se um recurso inestimável para a agricultura, fornecendo aos agricultores informações em tempo real e ferramentas de apoio à decisão para otimizar as suas operações e maximizar a produtividade. Desde as previsões meteorológicas e os mapas do solo até à monitorização das culturas e às previsões de rendimento, as abordagens baseadas em dados estão a revolucionar a forma como gerimos os sistemas agrícolas e respondemos às alterações das condições ambientais.

A análise de grandes volumes de dados, que envolve a recolha, o armazenamento e a análise de grandes volumes de dados de diversas fontes, permite aos agricultores obter informações valiosas sobre o desempenho das culturas, a saúde do solo, os surtos de pragas e doenças e as tendências do mercado. Ao aproveitar o poder dos grandes volumes de dados, os agricultores podem tomar decisões mais informadas sobre quando plantar, irrigar, fertilizar e colher as suas culturas, melhorando a eficiência e reduzindo os riscos.

A inteligência artificial (IA) e os algoritmos de aprendizagem automática desempenham um papel fundamental na transformação de dados brutos em informações accionáveis e modelos preditivos para a agricultura. As tecnologias baseadas em IA, como a visão por computador, a deteção remota e a análise preditiva, podem analisar grandes quantidades de dados para identificar padrões, detetar anomalias e prever resultados futuros, permitindo aos agricultores otimizar as suas práticas de gestão e minimizar os impactos ambientais.

Além disso, as plataformas de partilha de dados e as ferramentas de agricultura digital estão a facilitar a colaboração e o intercâmbio de conhecimentos entre agricultores, investigadores e decisores políticos, permitindo a co-criação de soluções para desafios agrícolas complexos. Ao democratizar o acesso aos dados e à informação, a agricultura digital tem o potencial de capacitar os agricultores de todas as escalas e origens para adoptarem práticas agrícolas mais sustentáveis e resilientes, contribuindo para a viabilidade a longo prazo dos sistemas agrícolas e para o bem-estar das comunidades rurais.

Em conclusão, colher a inovação na agricultura requer uma combinação de avanços tecnológicos, pensamento criativo e colaboração entre disciplinas e sectores. Aproveitando o poder da agricultura de precisão, da agricultura vertical, da agricultura urbana, dos grandes volumes de dados e da IA, podemos criar um sistema alimentar mais sustentável, resiliente e equitativo que satisfaça as necessidades das gerações actuais e futuras, salvaguardando simultaneamente a saúde do planeta.

Capítulo 7: Cultivar a ligação

Movimento "da quinta para a mesa": Colmatando o fosso entre produtores e consumidores

O movimento "da quinta para a mesa" emergiu como uma força poderosa na remodelação da nossa cultura alimentar, oferecendo uma alternativa convincente ao sistema alimentar convencional ao enfatizar a transparência, a sustentabilidade e a resiliência da comunidade. Ao encurtar a distância entre produtores e consumidores, este movimento procura estabelecer ligações directas entre os que cultivam os nossos alimentos e os que os consomem, promovendo uma compreensão e uma apreciação mais profundas das origens e do percurso dos nossos alimentos.

No centro do movimento "da quinta para a mesa" está o conceito de rastreabilidade, que permite aos consumidores rastrear as origens dos seus alimentos até à quinta ou produtor onde foram cultivados ou criados. Através de canais de marketing direto, tais como bancas de quintas, mercados de agricultores e programas de agricultura apoiada pela comunidade (CSA), os agricultores podem interagir diretamente com os consumidores, partilhando a história por detrás dos seus produtos e cultivando um sentido de confiança e ligação com a sua base de clientes. Esta relação direta não só aumenta a transparência e a responsabilidade, como também permite que os consumidores façam escolhas mais informadas sobre os alimentos que consomem, apoiando os seus valores e prioridades.

Para além do marketing direto, o movimento "da quinta para a mesa" engloba uma vasta gama de iniciativas e actividades destinadas a promover os sistemas alimentares locais e a reforçar os laços entre produtores e consumidores. As visitas a quintas, as experiências de agroturismo e os programas "da quinta para a escola" proporcionam oportunidades para os indivíduos se envolverem com produtores de alimentos locais, aprenderem sobre práticas agrícolas sustentáveis e aprofundarem a sua ligação à terra e aos alimentos que esta produz. Do mesmo modo, as parcerias entre agricultores locais e instituições como escolas, hospitais e restaurantes ajudam a levar os alimentos de origem local para os serviços de restauração tradicionais, promovendo a viabilidade económica da agricultura local e melhorando o acesso a alimentos frescos e nutritivos para todos os membros da comunidade.

Ao apoiarem os agricultores e produtores locais, os consumidores desempenham um papel vital na redução da pegada ambiental dos seus alimentos, apoiando as economias locais e promovendo a soberania alimentar e a resiliência nas suas comunidades. Os alimentos de origem local percorrem frequentemente distâncias mais curtas desde a exploração agrícola até ao prato, reduzindo as emissões de gases com efeito de estufa associadas ao transporte e preservando a integridade dos ecossistemas locais. Além disso, a compra de alimentos diretamente aos produtores locais ajuda a garantir um retorno justo e equitativo para os agricultores, reforçando o tecido económico das comunidades rurais e promovendo um sistema alimentar mais sustentável e equitativo para todos.

Em última análise, o movimento da quinta para a mesa oferece mais do que apenas uma forma de obter alimentos - representa uma filosofia e um modo de vida centrado em valores de sustentabilidade, comunidade e ligação. Ao adotar os princípios do movimento da quinta para a mesa e ao apoiar os sistemas alimentares locais, os indivíduos podem não só alimentar-se a si próprios e às suas famílias, mas também contribuir para a saúde e vitalidade das suas comunidades e do planeta como um todo.

Agricultura apoiada pela comunidade (CSA) e mercados de agricultores: Fomentar os sistemas alimentares locais

A agricultura apoiada pela comunidade (Community Supported Agriculture - CSA) e os mercados de agricultores são pilares essenciais dos sistemas alimentares locais, proporcionando aos consumidores meios de contacto direto com os agricultores e produtores locais e promovendo simultaneamente um sentido de comunidade e resiliência.

Os programas CSA oferecem aos consumidores a oportunidade de investir nas colheitas de uma quinta, comprando antecipadamente uma parte dos produtos da estação. Em troca, os participantes recebem entregas regulares de frutas frescas e sazonais, legumes e outros produtos agrícolas. Ao aderir a uma CSA, os consumidores não só têm acesso a alimentos nutritivos e cultivados localmente, como também estabelecem uma ligação direta com os agricultores que os produzem. Esta relação direta promove a transparência e a confiança, uma vez que os consumidores adquirem conhecimentos sobre as práticas agrícolas e os valores dos produtores que apoiam. Além disso, os membros da CSA partilham os riscos e as recompensas da agricultura, proporcionando aos agricultores estabilidade financeira e apoio durante toda a época de cultivo.

Do mesmo modo, os mercados de agricultores fornecem uma plataforma para os agricultores e produtores venderem os seus produtos diretamente aos consumidores num ambiente vibrante e comunitário. Estes mercados oferecem uma gama diversificada de alimentos cultivados e produzidos localmente, incluindo frutas, legumes, carnes, queijos, produtos de pastelaria e produtos artesanais. Ao comprar nos mercados de agricultores, os consumidores podem desfrutar de produtos frescos e sazonais, apoiando simultaneamente os pequenos agricultores e as empresas da sua comunidade. Além disso, os mercados de agricultores funcionam como centros sociais onde as pessoas se reúnem para se relacionarem com os vizinhos, aprenderem com os produtores e celebrarem a generosidade da paisagem alimentar local.

Para além de proporcionar o acesso a alimentos frescos e nutritivos, os programas CSA e os mercados de agricultores desempenham um papel fundamental na construção de sistemas alimentares locais resistentes. Ao promover relações directas entre produtores e consumidores, estes modelos reduzem a distância e a desconexão entre a quinta e a mesa, promovendo uma maior compreensão e apreciação dos alimentos que comemos. Além disso, ao apoiar operações agrícolas diversificadas e de pequena escala, os programas CSA e os mercados de agricultores contribuem para a preservação das terras agrícolas, da biodiversidade e dos meios de subsistência rurais, ajudando a garantir um futuro alimentar mais sustentável e equitativo para todos.

Em resumo, os programas CSA e os mercados de agricultores são mais do que simples locais para comprar alimentos - são componentes integrais de sistemas alimentares locais vibrantes e resilientes. Ao participar nestes modelos, os consumidores podem apoiar os agricultores e produtores locais, reforçar os laços comunitários e promover um sistema alimentar mais sustentável e equitativo para as gerações vindouras.

O papel da educação e da advocacia na promoção da agricultura sustentável

A educação e a sensibilização desempenham um papel crucial na promoção de uma agricultura sustentável e na promoção de uma compreensão mais profunda das ligações entre a alimentação, a saúde e o ambiente. Ao aumentar a consciencialização sobre os impactos da agricultura no nosso planeta e ao capacitar os consumidores para fazerem escolhas informadas sobre os seus alimentos, os esforços de educação e de sensibilização podem impulsionar mudanças positivas no sistema alimentar.

No centro da educação para a agricultura sustentável está a ideia de literacia alimentar, que engloba conhecimentos e competências relacionadas com a produção de alimentos, nutrição, culinária e jardinagem. Ao ensinar às crianças e aos adultos de onde vêm os alimentos, como são produzidos e como afectam a sua saúde e o ambiente, os educadores podem capacitá-los para fazerem escolhas alimentares mais saudáveis e sustentáveis.

Para além dos programas de educação formal, as organizações de defesa desempenham um papel vital na promoção de políticas e práticas que apoiam a agricultura sustentável e a justiça alimentar. Ao fazer lobby junto dos governos, organizar campanhas de base e mobilizar o apoio público, as organizações de defesa podem influenciar as políticas agrícolas, os regulamentos e as prioridades de financiamento para dar prioridade à sustentabilidade ambiental, à equidade social e à saúde pública.

Além disso, os esforços de advocacia podem ajudar a amplificar as vozes das comunidades marginalizadas, incluindo pequenos agricultores, trabalhadores agrícolas e povos indígenas, que são desproporcionalmente afectados pelos impactos negativos da agricultura industrial e da insegurança alimentar. Ao defenderem políticas que apoiem a reforma agrária, salários justos e acesso a alimentos saudáveis para todos, as organizações de defesa podem ajudar a construir um sistema alimentar mais justo e equitativo para as gerações futuras.

Em conclusão, cultivar a conexão no sistema alimentar requer a construção de pontes entre produtores e consumidores, a promoção de sistemas alimentares locais e a capacitação de indivíduos e comunidades através da educação e da advocacia. Ao trabalharmos em conjunto para reforçar estas ligações, podemos criar um sistema alimentar mais sustentável, resiliente e equitativo que nutra tanto as pessoas como o planeta.

Capítulo 8: Cultivar o futuro

Alterações climáticas e agricultura: Adaptação a um mundo em aquecimento

As alterações climáticas representam um desafio formidável para a agricultura mundial, com implicações de grande alcance para a segurança alimentar, os meios de subsistência e os ecossistemas em todo o mundo. Os impactos das alterações climáticas, incluindo o aumento das temperaturas, a alteração dos padrões de precipitação e o aumento da frequência de fenómenos meteorológicos extremos, já se fazem sentir em todas as paisagens agrícolas, colocando ameaças significativas à produtividade agrícola e agravando as vulnerabilidades existentes.

A adaptação a um mundo em aquecimento exige uma abordagem multifacetada que aborde tanto os impactos imediatos das alterações climáticas como os factores de vulnerabilidade subjacentes. A colaboração entre agricultores, investigadores, decisores políticos e comunidades é essencial para desenvolver e aplicar estratégias que aumentem a resiliência dos sistemas agrícolas e apoiem os meios de subsistência daqueles que deles dependem.

Uma das principais estratégias de adaptação é a diversificação das culturas e do gado para aumentar a resistência à variabilidade climática e aos fenómenos meteorológicos extremos. Ao cultivar uma variedade de culturas e raças adaptadas às condições locais, os agricultores podem reduzir a sua dependência de um único produto e resistir melhor aos impactos de padrões climáticos imprevisíveis.

A melhoria da saúde do solo e das práticas de gestão da água é outro aspeto crucial da adaptação às alterações climáticas na agricultura. As técnicas sustentáveis de gestão do solo, como a lavoura de conservação, as culturas de cobertura e as alterações orgânicas, ajudam a aumentar a fertilidade do solo, a retenção de água e a resistência à seca e às inundações.

O investimento em variedades de culturas tolerantes à seca e resistentes ao calor é essencial para manter a produtividade agrícola face às alterações climáticas.

Os programas de melhoramento genético e as tecnologias de engenharia genética podem ajudar a desenvolver variedades de culturas mais adaptadas às condições ambientais variáveis, garantindo a segurança alimentar das gerações futuras.

Além disso, as práticas agroflorestais e de agricultura de conservação desempenham um papel vital na adaptação às alterações climáticas, promovendo a biodiversidade, melhorando os serviços ecossistémicos e sequestrando carbono nos solos e na vegetação. Os sistemas agroflorestais, que integram árvores com culturas e gado, proporcionam múltiplos benefícios, como sombra, quebra-ventos e conservação do solo, ao mesmo tempo que atenuam os impactos das alterações climáticas.

O desenvolvimento da capacidade de adaptação dos agricultores através da educação, da formação e do acesso aos recursos é fundamental para lhes permitir antecipar e responder às condições ambientais em mudança. Os serviços de extensão, as escolas de campo para agricultores e as iniciativas de agricultura inteligente face ao clima podem capacitar os agricultores para adoptarem práticas sustentáveis e tomarem decisões informadas sobre as suas terras e meios de subsistência.

Além disso, os esforços para atenuar as alterações climáticas através da redução das emissões de gases com efeito de estufa provenientes da agricultura podem ajudar a minimizar a gravidade dos impactos futuros, criando simultaneamente benefícios comuns para os agricultores e para o ambiente. Práticas como a agrossilvicultura, as culturas de cobertura e a agricultura biológica podem sequestrar carbono nos solos, enquanto a redução da dependência dos combustíveis fósseis e dos factores de produção sintéticos pode diminuir as emissões e melhorar a qualidade do ar e da água.

Em suma, a adaptação às alterações climáticas na agricultura exige uma abordagem global e integrada que tenha em conta as interacções complexas entre o clima, os ecossistemas e os meios de subsistência. Ao aplicar uma combinação de estratégias de adaptação e de atenuação, podemos construir sistemas agrícolas mais resistentes, capazes de suportar os desafios de um clima em mudança, contribuindo simultaneamente para os esforços globais de redução das emissões de gases com efeito de estufa e para a construção de um futuro mais sustentável.

Agricultura regenerativa: Curar a Terra e Alimentar a População

A agricultura regenerativa representa uma mudança de paradigma nas práticas agrícolas, oferecendo uma abordagem holística que não só sustenta como melhora ativamente a saúde e a resiliência dos ecossistemas agrícolas, ao mesmo tempo que fornece alimentos nutritivos para as gerações presentes e futuras. Ao dar prioridade a princípios como a saúde dos solos, a biodiversidade e a função dos ecossistemas, a agricultura regenerativa promete atenuar as alterações climáticas, inverter a degradação ambiental e construir um futuro mais sustentável para a agricultura.

No centro da agricultura regenerativa está o conceito de saúde do solo, reconhecendo que os solos saudáveis são essenciais para sistemas agrícolas produtivos e resilientes. Os agricultores regenerativos utilizam práticas como a mobilização mínima do solo, as culturas de cobertura, a rotação de culturas e a compostagem para melhorar a estrutura, a fertilidade e a atividade biológica do solo. Ao melhorar a saúde do solo, a agricultura regenerativa não só aumenta os rendimentos e reduz os custos dos factores de produção, como também aumenta a capacidade dos solos para sequestrar carbono, reter água e apoiar o crescimento saudável das plantas, atenuando assim os impactos das alterações climáticas.

Para além da saúde do solo, a agricultura regenerativa realça a importância da biodiversidade e dos serviços dos ecossistemas na promoção da produtividade e da resiliência agrícolas. Ao integrar diversas culturas, árvores e gado nos sistemas agrícolas, os agricultores regenerativos imitam a estrutura e a função dos ecossistemas naturais, melhorando a diversidade biológica, o controlo de pragas e doenças e o ciclo de nutrientes. Esta abordagem diversificada reduz a dependência de factores de produção externos, como pesticidas e fertilizantes, ao mesmo tempo que promove a resiliência ecológica e a sustentabilidade.

Além disso, a agricultura regenerativa reconhece a interligação dos factores sociais, económicos e ambientais na formação dos sistemas agrícolas e procura fomentar parcerias e colaborações que promovam abordagens holísticas e inclusivas da agricultura e da produção alimentar. Ao adotar princípios de equidade, justiça e capacitação da comunidade, a agricultura regenerativa visa construir um sistema alimentar mais justo e sustentável para todos. Através de iniciativas como a agricultura apoiada pela comunidade (CSA), os mercados de agricultores e as cooperativas alimentares, a agricultura regenerativa promove relações directas entre produtores e consumidores, fomentando a transparência, a confiança e a resiliência nos sistemas alimentares locais.

Em conclusão, a agricultura regenerativa oferece uma visão transformadora para o futuro da agricultura, que dá prioridade à saúde da terra, ao bem-estar das comunidades e à sustentabilidade dos sistemas de produção alimentar. Ao adotar práticas regenerativas, os agricultores podem desempenhar um papel crucial na cura da Terra, ao mesmo tempo que alimentam a população, criando um futuro mais resistente e sustentável para a agricultura e a sociedade em geral.

Cultivar a esperança: construir um futuro sustentável através da agricultura

Cultivar a esperança na agricultura não é apenas uma aspiração; é um apelo à ação face a desafios imensos. Ao enfrentarmos questões como as alterações climáticas, a insegurança alimentar e a degradação ambiental, a agricultura surge como um farol de possibilidades - um caminho para um futuro mais sustentável e equitativo. Ao adotar abordagens inovadoras, tirar partido da tecnologia e dos dados e promover ligações significativas, podemos aproveitar o poder transformador da agricultura para nutrir as pessoas e o planeta.

Na sua essência, cultivar a esperança na agricultura requer uma visão arrojada e uma determinação inabalável. Exige que agricultores, consumidores, decisores políticos, investigadores e activistas se unam num espírito de colaboração e solidariedade. Juntos, temos de desenvolver e implementar soluções que não se limitem a tratar os sintomas, mas que também ataquem as causas profundas da insegurança alimentar, da pobreza e do declínio ambiental. Isto significa promover a justiça social, a equidade económica e a diversidade cultural nos nossos sistemas alimentares.

O investimento na agricultura sustentável é fundamental para concretizar esta visão. Ao apoiar os pequenos agricultores e produtores que dão prioridade a práticas regenerativas, podemos criar oportunidades de desenvolvimento económico, salvaguardando simultaneamente os recursos naturais. Os sistemas alimentares locais desempenham um papel crucial neste esforço, proporcionando às comunidades acesso a alimentos frescos e nutritivos, reduzindo a dependência das cadeias de abastecimento globais e minimizando as pegadas de carbono.

Além disso, a agricultura tem o poder de promover ligações profundas entre as pessoas e a terra. Ao cultivar um sentido mais profundo de pertença, gestão e resiliência, podemos fortalecer as comunidades e capacitar os indivíduos para se tornarem agentes de mudança por direito próprio. Através de iniciativas como hortas comunitárias, projectos de agricultura urbana e programas de gestão de terras, podemos envolver pessoas de todas as origens no trabalho vital da agricultura sustentável.

Em conclusão, cultivar o futuro da agricultura é um esforço coletivo - um esforço que exige que adoptemos a inovação, a colaboração e um objetivo comum. Ao trabalharmos juntos para construir um sistema alimentar mais sustentável e equitativo, podemos criar um futuro mais brilhante para as gerações vindouras. Um futuro em que todas as pessoas tenham acesso a alimentos saudáveis e nutritivos e a oportunidade de prosperar em harmonia com o planeta. Esta é a promessa da agricultura - uma promessa de esperança, resiliência e possibilidade.

Epílogo: Colher a sabedoria

Lições aprendidas do passado, sementes de sabedoria para o futuro

Ao reflectirmos sobre a viagem através da vasta e diversificada paisagem da agricultura, recordamos a sabedoria intemporal transmitida através de gerações de agricultores e administradores da terra. Desde os primórdios da civilização até aos dias de hoje, a agricultura tem desempenhado um papel central na formação da história, da cultura e da identidade humanas, proporcionando sustento, meios de subsistência e uma ligação ao mundo natural.

Ao longo da nossa exploração, encontrámos histórias de resiliência, inovação e adaptação, uma vez que os agricultores e as comunidades enfrentaram e ultrapassaram inúmeros desafios, desde as alterações climáticas e a degradação ambiental até à injustiça social e à desigualdade económica. Perante a adversidade, recorreram à sabedoria do passado, explorando os conhecimentos e as tradições dos seus antepassados para orientar as suas acções e moldar o seu futuro.

Ao olharmos para o futuro, as sementes de sabedoria colhidas na nossa viagem através da agricultura oferecem-nos conhecimentos e orientações valiosos para navegarmos nas complexidades de um mundo em rápida mudança. Recordam-nos a importância da humildade e da reverência pelo mundo natural, da interconexão de todos os seres vivos e da resiliência e criatividade inerentes ao espírito humano.

Recordam-nos que a agricultura não se limita à produção de alimentos; trata-se de cultivar a vida, fomentar a comunidade e cuidar da terra para as gerações futuras. Recordam-nos que os desafios que enfrentamos não são insuperáveis, mas exigem colaboração, inovação e vontade de aprender com os erros e os êxitos do passado.

No fim de contas, a agricultura é mais do que um simples meio de produção; é um modo de vida, uma forma de estar no mundo que celebra a beleza e a diversidade da Terra e honra a interconexão de todos os seres vivos. Ao embarcarmos no próximo capítulo da nossa viagem, vamos levar por diante as lições aprendidas no passado e lançar as sementes da sabedoria para um futuro em que a agricultura não seja apenas sustentável, mas regenerativa, nutrindo tanto as pessoas como o planeta em harmonia com o mundo natural.

"Cultivando a Abundância" convida os leitores a uma viagem pelo cativante mundo da agricultura, entrelaçando os fios da história, da inovação e da resiliência que moldaram a nossa relação com a terra ao longo de milénios. Desde os primórdios do cultivo até à vanguarda da ciência agrícola moderna, este livro ilumina a tapeçaria diversificada do engenho humano e da gestão que sustenta o nosso planeta e alimenta as nossas comunidades.

Baseando-se na sabedoria das civilizações antigas e nos mais recentes avanços tecnológicos, "Cultivar a Abundância" explora os princípios intemporais e as práticas inovadoras que permitiram aos agricultores e aos produtores agrícolas alimentar e sustentar a humanidade tanto em tempos de abundância como de escassez. Através de uma narrativa vívida e de uma análise perspicaz, os leitores descobrirão o profundo impacto da agricultura nas nossas culturas, economias e ecossistemas, e apreciarão mais profundamente o papel vital que os agricultores e os produtores de alimentos desempenham na construção do nosso futuro coletivo. A cada virar de página, "Cultivar a Abundância" oferece uma celebração do espírito humano e da sua capacidade de cultivar a abundância a partir do solo, ao mesmo tempo que confronta os desafios prementes e as incertezas que temos pela frente. Desde as alterações climáticas e a degradação ambiental até à justiça social e à segurança alimentar, este livro aborda as complexas realidades da agricultura moderna e oferece reflexões ponderadas sobre a forma como podemos cultivar um futuro mais sustentável e equitativo para todos. Quer seja um agricultor experiente, um consumidor curioso ou simplesmente um amante de boa comida e de grandes histórias, "Cultivar a Abundância" convida-o a juntar-se à conversa sobre o passado, o presente e o futuro da agricultura e a descobrir o potencial ilimitado dos nossos esforços colectivos para cultivar a abundância num mundo de possibilidades.

Referências:

[1]Brown, J., & Miller, C. (2018). "A mudança de paradigma ecológico: Abraçando a sabedoria da natureza na agricultura". Ecological Farming Quarterly, 42(2), 15-29.

[2] Sustainable Farming". Desenvolvimento Sustentável, 25(5), 369-380.

[3]Gupta, M., & Patel, S. (2017). "Revivendo as práticas agrícolas indígenas para uma agricultura sustentável". Desenvolvimento Sustentável, 25(5), 369-380.

[4]Jones, R. (2019). "Reconectando-se com a natureza através da agricultura natural: Um caminho para a agricultura sustentável". Ciência e Política Ambiental, 48(4), 320-334.

[5]Nguyen, T., et al. (2019). "Sistemas de cultivo de policultura: A Key to Achieving Food Security and Ecosystem Services" [Uma chave para alcançar a segurança alimentar e os serviços ecossistémicos]. Agricultura, Ecossistemas e Ambiente, 284, 106583.

[6]Smith, A., et al. (2020). "Melhorando a sustentabilidade agrícola por meio de práticas agrícolas naturais". Journal of Sustainable Agriculture, 45(3), 210-225.

[7]White, L., et al. (2021). "Avaliando o impacto ambiental da agricultura convencional: A Comparative Analysis". Environmental Research Letters, 16(3), 035002.

[8]Williams, E. (2016). "Saúde do solo e sustentabilidade: Gerenciando o componente biótico da qualidade do solo". Applied Soil Ecology, 97, 4-11.

Printed by Books on Demand GmbH, Norderstedt / Germany